FERME-MODÈLE DES BOUCHES-DU-RHONE.

RAPPORT

SOUMIS

AU CONSEIL-GÉNÉRAL.

Session de 1841.

MARSEILLE.

TYPOGRAPHIE DES HOIRS FEISSAT AINÉ ET DEMONCHY,
Imprimeurs de la Ville et du Commerce,
RUE CANEBIÈRE, N° 19.

1841.

RAPPORT

DE

LA COMMISSION DE SURVEILLANCE

PRÈS

LA FERME-MODÈLE DES BOUCHES-DU-RHONE.

Session de 1841.

FERME-MODÈLE DES BOUCHES-DU-RHONE.

RAPPORT

FAIT

A Mr LE PRÉFET DES BOUCHES-DU-RHONE,

AU NOM

DE LA COMMISSION DE SURVEILLANCE

PRÈS LA FERME-MODÈLE

DU DÉPARTEMENT;

PAR Mr PLAUCHE,

Secrétaire de la Commission.

MONSIEUR LE PRÉFET,

Chargé pour la seconde fois par la Commission de surveillance, instituée près la Ferme-modèle départementale, du Rapport qu'elle est tenue de vous faire chaque année sur la situation de cet établissement, je vais mettre sous vos yeux l'ensemble des faits qui la résument, et les observations auxquelles ils ont donné lieu de la part de la Commission. Votre dévoûment aux progrès de l'agriculture de ce département, la protection spéciale que vous accordez à une création utile à laquelle votre nom restera attaché, vous feront, je l'espère, accueillir ce travail avec indulgence, et trouver dans sa lecture un intérêt qu'elle ne saurait présenter sans ces dispositions bienveillantes sur lesquelles vous nous avez appris à compter.

L'exposé de l'année dernière vous a fait connaître l'installation de la Commission de Surveillance, ses premiers rapports avec le Directeur, la manière dont il avait exécuté les diverses conditions de son marché et une appréciation succincte du domaine de *la Montauronne ;* ce compte-rendu indiquait aussi de quelle manière la Commission avait compris son mandat, l'influence qu'elle devait exercer sur la direction imprimée au service de la Ferme-modèle, et il résumait tous les faits qui se rapportaient à l'établissement des premières bases de son organisation.

Nous entrons cette année dans une série de faits d'un ordre différent; il ne s'agit plus de jeter les fondations d'un établissement agricole. Ce sont des récoltes réalisées, des produits préparés pour l'avenir; c'est un commencement d'appréciation d'une comptabilité établie dans la forme de celle adoptée par le commerce et présentant les mêmes garanties. Au lieu d'une machine en construction, c'est un appareil complet qui fonctionne, dont les rouages trop neufs, n'ont pas encore, il est vrai, ce poli qui résulte de l'usage et diminue les frottemens, mais qui cependant sous l'impulsion d'une force puissante produit les effets déterminés par son inventeur.

Pour vous mettre à même d'apprécier la situation actuelle de *la Montauronne*, je vais passer en revue les faits les plus importans qui se sont produits depuis notre dernier Rapport; je tâcherai de les réduire aux proportions exigées par les limites qui me sont imposées, et de les classer en raison de leur plus ou moins de corrélation.

Considérations générales sur la Montauronne.

La Commission de Surveillance a d'abord cherché à déterminer d'une manière aussi exacte que possible l'état où se trouvait *la Montauronne* dès le début des opérations du Directeur. En effet, ce n'est qu'en comparant ce domaine tel qu'il est aujourd'hui avec ce qu'il sera dans quelques années, qu'on pourra juger des améliorations qui résulteront du système adopté. C'est un point de départ indispensable qu'il était important de fixer d'une manière déterminée. La Commission de Surveillance, dans son Rapport de l'année dernière, a commencé cette partie essentielle de sa tâche en donnant un aperçu de l'étendue du domaine de *la Montauronne* et des diverses cultures qui occupaient le sol au moment de la création de la Ferme-modèle. Voici en quels termes M. le Directeur, dans un de ses Rapports trimestriels, cherche à compléter les idées de la Commission sur la situation primitive de son établissement.

« Avant d'entrer dans l'examen de la comptabilité, vous me permettrez de porter un instant votre attention sur les antécédens de l'établissement qui m'a été confié; vous jugerez mieux de ma position et de l'avenir de la ferme.

« *La Montauronne*, il y a peu d'années encore, fesait partie d'un vaste domaine dont elle n'est plus qu'un démembrement. Ce domaine comprenait tout le plateau du Grand-Pont, ayant à peu près une égale quantité de terre dans la commune d'Aix que dans celle de St-Cannat; il était borné au midi par le cours de la Touloubre.

« Une succession non interrompue de 47 années de baux à ferme, sans surveillance de la part des propriétaires, en avait anéanti toutes les ressources; chaque bail renouvelé avait réduit la rente. En 1834 fut passé le dernier pour la modique somme de 3000 francs et quelques réserves. C'est deux ans plus tard, en janvier 1836, que ce domaine fut divisé en deux portions égales par une vente, et que *la Montauronne*, formant aujourd'hui la Ferme-modèle, nous échut en partage.

« A cette époque, l'état des terres en était déplorable; le sol était généralement infecté de chiendent ou abandonné sans culture pour accroître la part de la dépaissance; les vignes y étaient ruinées, les plantations mutilées, tous les travaux d'art dégradés ou détruits; les prairies seules et les bâtimens y étaient en bon état. La rente qui nous fut dévolue fut la moitié de celle du bail, c'est-à-dire, 1,500 fr., ce qui ne portait pas nos intérêts à 2 p. %, et ce qui supposait la recette brute du fermier s'élevant au plus à 3 ou 4 mille francs.

« Telle se présentait *la Montauronne* lorsque j'en entrepris l'exploitation, après avoir rompu le bail, en septembre 1836.

« Les terres que je prenais à ma charge se divisent en trois catégories :

« 1° *La vallée :* elle comprend les terres les plus fertiles et en partie arrosables ; le sol y est profond et riche, sans y être trop tenace, mais les céréales n'y mûrissent pas toujours très-bien.

« 2° *Les terres de mi-côtes :* elles sont placées sur la zone qui borde la vallée au midi de la Touloubre ; le calcaire marneux y domine ; le froment y réussit bien ; l'amandier y prospère, mais il y meurt aussi très-rapidement ; les vignes y étaient très-productives avant leur dégradation ; ces terres s'accommodent mal des longues sécheresses et sont d'une culture assez difficile.

« 3° *Les terres de plateau :* généralement ces terrains sont peu profonds, ils reposent sur un sous-sol partie carbonate de chaux, partie silex. Le mélange des terres y est excellent ; avec des engrais on y obtient des produits très-satisfaisans, soit en céréales, soit en légumineuses ; sans engrais les plantations seules y prospèrent. La vigne et l'amandier y sont une culture précieuse ; accommodées convenablement, elles résistent assez bien à nos longues sécheresses.

« Sans entrer dans le détail d'une culture étrangère au rapport qui nous occupe, il me suffit de dire que je créai des ressources immédiates en établissant de 13 à 14 hectares de prairies artificielles, des ressources prochaines en rendant 50 hectares à la culture des céréales et des ressources éloignées en plantant 50 mille vignes. Une partie faible des prairies fut défrichée et une portion des terres incultes fut plantée en bois. C'est ce résultat que la Commission de Surveillance a constaté dans sa première réunion, en prenant la connaissance statistique de *la Montauronne*.

« Le rendement des terres prit un accroissement remarquable. Quoique les plantations n'aient été encore l'objet d'aucune recette, le produit brut annuel a dépassé onze mille francs, malgré l'extrême modicité de nos récoltes en 1840. »

La Commission a puisé dans la comptabilité de la Ferme-modèle les élémens indispensables pour compléter ce tableau, par un relevé des principaux produits réalisés à *la Montauronne* en 1840. Les quantités récoltées dans chaque nature de production, comparées au nombre d'hectares sur lesquels elles ont été recueillies, donneront une idée de la force productive actuelle de ces divers sols. Les cultures les plus importantes de l'établissement, sont pour le moment : le blé, l'avoine, les prairies naturelles à l'arrosage, un commencement de prairies artificielles, les vignes et la basse-cour.

Blé. — Récolte 1840.

Le froment occupait un espace de 14 hect. 50, dont le produit a été de 165 hectolitres grain et 21,921 kilog. paille. La force productive du terrain ressort donc à raison de 11 hectolit. 39 lit. par hectare en grain et 1,511 kilog. paille.

Ce compte se balance en profit pour une somme de 2,008 fr. 41 c., soit 138 fr. 53 c. par hectare.

Avoine. — Récolte 1840.

L'avoine occupait un espace de 10 hectares, ensemencés en octobre 1839 ; un second ensemencement de ce grain a eu lieu en mars 1840 sur un espace de 6 hectares.

Les 10 hectares ensemencés en octobre 1839 ont produit 60 hect. 40 litres grains et 2796 kil. paille, ce qui fait ressortir la force productive du sol à 6 h. 04 de grains et 279 kil. paille par hectare.

Les 6 hect. en avoine de printemps ont produit en grains 52 h. 60 litres, et en paille 2437 kil., ce qui fait ressortir la force productive du sol à 8 h. 76 en grains, et à 406 kil. en paille par hectare.

Prairies naturelles à l'arrosage.

La Commission avait constaté, dans son précédent rapport, l'existence à *la Montauronne*, de 8 hect.38 c. de prairies à l'arrosage ; sur cette quantité 2 h. 38 ont été défrichés dans le commencement de 1840. L'espace sur lequel la récolte a eu lieu était donc réduit à 6 hectares ; le produit a été de 46,591 kil. de fourrage, quantité qui fait ressortir la force productive du sol à raison de 7765 kil. par hectare.

Les prairies à l'arrosage sont, en Provence, les parties du sol qui donnent le plus de produit, cela tient d'abord au prix toujours élevé des fourrages dans une contrée qui en manque généralement; en second lieu, au peu d'élévation des frais de culture qu'exige ce genre de produit. Ce compte qui présente 3151 fr. 42 c. de recettes, n'est chargé que d'une dépense totale de 413 fr. 43 c., en sorte qu'il se balance par un bénéfice de 2737 fr. 99 c., soit 456 fr. 33 c. par hect., produit net dix fois plus élevé que celui que rendent en général les terres en céréales dans ce département. Les 413 fr. 43 c. de frais occasionés par ces 6 hectares de prairies se subdivisent de la manière suivante :

Arrosage..	F. 168 25	soit par hectare..	F. 28 04
Fauchage..	94 25	»	15 71
Fanage...	126 93	»	21 13
Transport.	24 »	»	4 »
Total...	F. 413 43	soit par hectare..	F. 68 90

La Commission a remarqué avec peine que ces six hectares de prairies n'ont pas été fumés, et l'observation en a été faite à M. le Directeur, qui s'est retranché sur la pénurie d'engrais où se trouve encore *la Montauronne*; il est regrettable que M. le Directeur soit forcé de négliger la fumure de ces prairies; le meilleur emploi qu'on puisse faire de l'engrais, en Provence, est celui qui permet de tirer tout le parti possible des terrains à l'arrosage, avantage si rare dans cette contrée; il serait d'ailleurs à craindre de voir baisser d'une manière très-sensible, le produit des prairies naturelles de *la Montauronne*, si on continue à ne pas leur rendre chaque année soit les sels qu'emportent les arrosages, soit l'humus consommé par la végétation des plantes qui constituent ces prairies. La Commission espère que le système des assolemens dans lequel est entré M. le Directeur, lui fournira bientôt les moyens de créer plus d'engrais et d'en consacrer aux prairies à l'arrosage la quantité qu'elles réclament.

Prairies artificielles.

M. le Directeur n'ignore pas que c'est dans la création des prairies artificielles, sur une très-grande échelle, qu'il peut trouver un remède à cette pénurie d'engrais qui est en général la plaie de toutes les grandes exploitations de ce département; aussi l'assolement qu'il a adopté commence-t-il par de grands ensemencemens en sainfoin,seule plante fourragère qui puisse, sous un ciel aussi brûlant et sur un sol aussi sec que le nôtre, donner des produits assez satisfaisans pour dédommager l'agriculteur des frais de culture qu'elle occasione; c'est pour entrer dans ce système qui présente, en outre, le grand avantage d'améliorer le sol, que M. de Bec avait semé un espace de 13 hectares en sainfoin dès la première année. Malheureusement *la Montauronne* se trouve dans une position très-froide, qui ne permet pas aux jeunes sainfoins de poursuivre leur végétation dès qu'ils ont levé, et la plus grande partie meurt avant la belle saison ; c'est ce qui est arrivé en 1840 : sur 13 hectares en sainfoin, 3 hectares seulement ont pu être fauchés, c'était ceux qui avaient été semés sur un sol abrité naturellement par sa pente vers le midi, les dix hectares dont la pente était dirigée du côté du nord ont péri par le froid. La Commission pense que M. le Directeur sera forcé, à l'avenir, de ne semer le sainfoin qu'au commencement du printemps pour en assurer le succès. M. de Bec paraît partager cet avis, puisque en 1841 il a fait semer moitié des sainfoins en au-automne et l'autre moitié au printemps; toutefois, bien que le froid ait épargné ceux semés en avril, ils ont cependant beaucoup souffert des alternatives de pluie et de sècheresse qu'ils ont eu à supporter cette année. Cette plante qui trouve toujours dans la profondeur à laquelle descendent ses racines, l'humidité nécessaire à sa végétation, s'accommoderait plutôt d'une sècheresse constante.

Les trois hectares en sainfoin fauchés ont produit 5780 kil. fourrage, soit 1926 kil. par hectare; ce compte ne présente, en masse, qu'un bénéfice de 33 fr. 05 c., à cause des dix hectares qui ont occasioné les mêmes frais et qui n'ont rien produit. En fesant un compte particulier et proportionnel pour les 3 hectares fauchés, le produit brut de ces 3 hectares étant de F. 535 41

Les frais de.................... 115 92

Le produit net est de... F. 419 49

Soit F. 139 83 par hectare.

Vignes. — Récolte 1840.

Sur 23 hectares qui sont complantés en vignes à *la Montauronne*, 13 hectares sont encore en vignes trop jeunes pour donner des produits; 6 hectares commencent à produire et 4 hect.50 sont en plein rapport.

Sur les 6 hectares en commencement de production, il a été récolté 19 hect. 58 litres, soit 3 hect.26 par hectare.

Sur les 4 hect.50 en plein rapport le produit a été de 43 hect.92 l., soit 9 hect.76 l. par hectare.

Pour se rendre compte d'un produit aussi peu élevé, il ne faut pas perdre de vue que ces vignes ne reçoivent pas de fumier ; cette circonstance améliore la qualité du vin qui du reste est excellent à *la Montauronne.* Il est probable que les cultures tendant toujours à se perfectionner dans un Etablissement-modèle, la force productive des vignes de *la Montauronne* représentée dans ce moment par les chiffres que nous venons de donner, doit naturellement s'accroître chaque année.

Les 63 hect. 50 de vin obtenus sont le produit de 8146 kil. de raisins recueillis, c'est-à-dire que chaque hectolitre de vin a exigé 128 kil. de vendange.

Basse-cour.

Ce compte présente un bénéfice de 635 fr. 87. La Commission cite ce fait pour prouver que rien ne doit être négligé dans une exploitation bien entendue et qu'avec des soins intelligens, des branches de revenus en apparence minimes, sont cependant susceptibles de fournir leur contingent au produit net général. La prospérité de ce compte provient de l'éducation en grand de la poule d'Inde qu'on a adjoint à l'élève de la volaille ordinaire. Le coq d'Inde, difficile à élever dans la basse Provence, a parfaitement réussi en 1840, à *la Montauronne*; il se nourrit d'ailleurs de vers, de larves, de chenilles et de sauterelles, et la présence dans les champs pendant tout l'été d'un troupeau de ces gallinacées est un véritable bienfait, elle assure en peu de temps la destruction complète de la plupart des insectes nuisibles qui, sans la voracité de ces utiles auxiliaires ne manqueraient pas de dévorer presque toutes les récoltes.

Apparence des récoltes de 1841.

Dans sa visite du 4 juillet, à la Ferme-modèle, la Commission de surveillance a pris connaissance de l'état des récoltes de cette année. Pour le blé, le produit sera médiocre; cette céréale a beaucoup souffert des intempéries des saisons. Les pluies fréquentes et interminables de l'automne ont retardé l'ensemencement; circonstance toujours fâcheuse dans les contrées méridionales; sont ensuite venues les alternatives de froid et de chaud, non moins nuisibles; enfin dans les dernières périodes de sa végétation, le froment a eu des coups de vent si fréquens et si forts à essuyer, qu'un grand nombre d'épis ont été brisés et n'ont pu atteindre leur maturité, la sève cessant de monter lorsqu'il y a solution de continuité dans la tige.

Les mêmes causes ont influé d'une manière fâcheuse sur l'avoine; celle semée en automne a eu de plus à subir l'épreuve si à craindre du froid qui a fait périr la moitié des plantes, et bien que celle semée au printemps ait échappé à l'action nuisible du froid, elle ne parait pas devoir donner de grands résultats.

La récolte du vin s'annonce mieux que celle des céréales, quoique les souches ne soient pas chargées d'un grand nombre de raisins, et le temps, s'il continue à être aussi favorable à la vigne, contribuera à un grand développement des grappes.

La culture du chardon occupe un espace de 10 hectares. La cueillette de ce produit ne se fait pas entièrement la même année. 1840 a donné un commencement de récolte, elle s'annonce pour être beaucoup plus importante en 1841 ; ce n'est que lorsqu'on aura recueilli le solde de cette production qu'il sera possible d'en clore le compte, et de connaître si cette culture donne un bénéfice proportionné au temps assez long pendant lequel elle occupe le sol.

Vérification de la comptabilité en parties doubles.

L'application de la comptabilité commerciale à l'agriculture a été une pensée féconde en résultats ; ce n'est que depuis son adoption qu'on a pu se rendre un compte fidèle des opérations si multipliées d'une ferme, qu'il est impossible d'apprécier avec justesse, par l'emploi de la comptabilité ordinaire. Le premier mérite de la comptabilité en parties doubles c'est de garantir les erreurs, la balance étant rompue dès l'instant qu'il s'en est glissé une seule; à ce précieux et inappréciable avantage, il faut joindre la facilité que donne ce mode de comptabilité, d'ouvrir un compte spécial à tous les objets dont on désire se rendre compte. Dans les parties simples, on a bien toutes les recettes d'un côté et toutes les dépenses de l'autre; on peut arriver par la comparaison de ces deux chiffres généraux au produit net total d'une exploitation, on parvient aussi avec beaucoup de peine et non sans commettre des erreurs fréquentes à établir le rendement de certaines parties de l'exploitation qui intéressent le plus; mais il faudrait perdre un temps infini et se livrer à des dépouillemens sans nombre, si on voulait avec cette forme de comptabilité, qui n'est simple qu'en apparence, obtenir les mêmes résultats sur toutes les branches de produits.

Dans la comptabilité en parties doubles, au contraire, une fois les comptes bien ouverts, le propriétaire trouve dans chacun d'eux un véritable représentant qui recueille dans le journal tous les faits qui intéressent l'objet pour lequel il a été institué et les range symétriquement soit à l'avoir, soit au doit de ce compte, de telle sorte qu'en consultant ces serviteurs fantastiques, que le maître crée à volonté, il peut toujours savoir le dernier mot sur l'intérêt qu'ils sont chargés de représenter. Il est regrettable qu'avec de si grands avantages, cette forme de comptabilité soit encore si peu répandue; cela tient au peu d'habitude qu'ont les propriétaires de la comptabilité commerciale, et il faut bien le dire aux difficultés que présente son application à l'agriculture pour laquelle elle n'a point été faite.

La Commission de surveillance avait chargé, dans sa séance du 8 février 1841, son secrétaire de jeter un coup d'œil sur la comptabilité établie pour 1840, à *la Montauronne*, en vertu de l'article 21 du marché passé avec M. de Bec. Un examen général et approfondi des écritures a démontré qu'il y avait eu beaucoup d'hésitation dans la formation de cette comptabilité ; il existait des lacunes, tous les comptes n'étaient pas ouverts avec une égale intelligence, quelques-uns confondaient des objets qui auraient dû être séparés, une infinité de petits comptes qui ont paru inutiles surchargeaient les livres et rendaient une situation générale longue, et difficile à faire ; enfin, le revenu net de la ferme n'était pas établi et se trouvait confondu avec le capital de sortie.

Des observations furent transmises à M. le Directeur par l'intermédiaire de M. le Président de la Commission, et M. de Bec s'est empressé d'y faire droit en revisant immédiatement sa comptabilité de 1840 et en y fesant opérer les diverses rectifications qui avaient été indiquées. La Commission se plait à reconnaitre la déférence avec laquelle M. le Directeur s'est rendu aux observations qui lui ont été faites, elle se félicite de cette condescendance, dans l'intérêt de l'établissement. Rien, à ses yeux, ne pouvant influer d'une manière plus heureuse sur le succès de la Ferme-modèle, qu'un accord parfait entre les vues de la Commission et celles du Directeur.

En résumé, le capital d'entrée s'est élevé à 14,292 fr. 13 c. et celui de sortie à la fin de 1840, à 26,288 fr. 51 c. La balance générale des pertes et profits présente un bénéfice net de 4956 fr. 71 c. Cette somme a été portée au compte du maître qui l'a reçue comme intérêt de la valeur capitale de la propriété, tant en terres qu'en bâtimens, qui étant représentée par la somme de 110,000 fr. porte l'intérêt de ce capital pour 1840 à 4 1/2 pour cent.

Bêtes à laine.

L'article 18 du traité de M. de Bec, qui lui impose l'obligation de tenir dans son établissement un troupeau de bêtes à laine de mérinos, race pure, dont la valeur serait payée par le département, était encore sans exécution à l'époque où la Commission de Surveillance vous a fait son premier rapport. M. le Directeur, pensant que l'éducation de la race mérine lui serait onéreuse, la Commission posa en principe, dans son rapport, que le traité devait être considéré comme indivisible, et que M. le Directeur devait mettre le même empressement à exécuter un article qui pouvait lui être onéreux, qu'il avait mis à l'exécution de ceux qui étaient favorables à ses intérêts. Le 26 novembre suivant, M. de Bec fit l'acquisition pour le compte du département de 52 brebis mérinos, race pure, à 45 fr. et de 3 béliers, également de race pure, payés à raison de 100 fr. chaque.

La Commission, dans sa dernière visite à la Ferme-modèle, a reconnu que ce troupeau était en bon état, et s'est assurée en même temps qu'un autre petit troupeau de bêtes à laine, de la race commune, est aussi attaché à la ferme. Pour éviter l'altération de la race mérine, les béliers mérinos sont exclusivement chargés de la monte. Cette disposition créera des métis qui pourront atteindre par la suite un assez haut degré de finesse, en conservant toujours les femelles provenant de ces croisemens successifs, et en vendant tous les ans les brebis les plus anciennes. Il n'est pas possible de donner une opinion sur les bénéfices ou les pertes qu'on peut attendre, dans la situation de *la Montauronne*, de l'éducation des mérinos. Les difficultés qui se présentent soit pour la vente de la laine à un bon prix, soit pour celle des agneaux, qui, par prévention, sont repoussés de la boucherie, font présumer, qu'à moins d'un bon placement de ces animaux comme adultes pour servir à la formation de nouveaux troupeaux, la race mérine soutiendra difficilement, sous le rapport du bénéfice, la comparaison avec les produits toujours certains, toujours faciles à réaliser de la race commune du pays, si bien appropriée à nos habitudes, à notre climat et à la nature de nos débouchés.

Porcs. — Race anglo-chinoise.

M. le Directeur a introduit dans son exploitation une race nouvelle de porcs, dite de *Siam*, par l'achat de deux femelles et d'un mâle. Cette race encore peu répandue en France a été importée en Europe par les Anglais; elle est très-propre à l'engraissement et fournit à la consommation une chair plus ferme et plus succulente; elle commence à être très-recherchée ; il est à désirer qu'elle se multiplie dans le département. La Ferme-modèle contribuera à sa propagation, M. de Bec se proposant de vendre ses produits sans les faire mutiler.

Champ d'expérience.

Ainsi que nous l'avons indiqué dans notre précédent rapport, le champ d'expérience mis à la disposition de la Commission par l'article 8 du traité a été divisé par elle en deux parties, l'une consacrée à des expériences sur les assolemens, l'autre pour être le théâtre de divers essais de culture de plantes nouvelles.

Partie consacrée aux assolemens.

Voici en quels termes M. le Directeur s'exprime sur l'exécution de divers assolemens prescrits par la Commission pour toute la durée du marché.

« Le 1er avril dernier, j'annonçai que deux des assolemens de la commission avaient été établis, savoir : le nº 4, commençant par sainfoin avec vesces de printemps, auxquelles par nécessité j'avais substitué les pois gris.

« Le commencement de cet assolement donne lieu à quelques observations : dans la portion de terre défoncée, les pois ont eu une végétation vigoureuse et rapide, et une partie de sainfoin a été étouffée ! Dans la portion non défoncée, au contraire, le sainfoin s'est montré supérieur et les pois sont restés chétifs. S'il m'appartenait de rechercher la cause de ce résultat, il me semble qu'on pourrait la trouver dans la similitude des semences, toutes deux tirées de la famille des légumineuses; leurs habitudes sont les mêmes, leurs racines ont en conséquence cherché la vie aux mêmes sucs nourriciers. Dans la portion non défoncée, le sainfoin plus robuste a aussi plus facilement pénétré dans le sol et à nui par ses racines supérieures, à celles plus délicates du pois; dans la portion défoncée, le pois se trouvant au contraire dans une condition de prospérité, a hâté sa végétation au dépend du sainfoin et l'a privé d'air par l'abondance de ses feuilles. La vesce eût produit le même effet.

« Les autres assolemens n. 2, 3 et 5 ont été établis conformément au programme de la Commission avec récoltes sarclées. La saison n'a permis que l'ensemencement des pommes de terre, j'ai cru ajouter à l'intérêt que doivent présenter ces soles comparatives, en les diversifiant ainsi qu'il suit :

« Nº 2. Pommes de terre de Rohan, sur terreau Jauffret.

« Nº 3. Pommes de terre de Rohan, sur herbes enfouies.

« Nº 5. Pommes de terre jaunes sur fumier ordinaire. »

La Commission s'explique d'une autre manière l'observation à laquelle a donné lieu le commencement de l'assolement nº 4. Quoique de la même famille, le sainfoin et le pois gris ont une organisation de racine toute différente; celles du pois sont beaucoup moins pivotantes et ont plus de chevelu ; le sainfoin au contraire pivote profondément, et sa racine est presque dépourvue de chevelu, d'où il suit que le pois craint beaucoup la sécheresse et que le sainfoin la supporte très-bien. Or, dans le terrain défoncé, le pois a trouvé le sol naturellement frais, par suite de cette opération ; sous cette influence favorable, il s'est promptement développé, et il n'a pas donné au sainfoin le temps d'enfoncer ses racines pivotantes dans le sous-sol, et comme cette plante ne peut réellement prospérer que par elles, sa végétation s'est trouvée compromise. Mais dans la partie de terrain non défoncée, les choses se sont passées en sens inverse. Ici le pois n'a pas rencontré dans le sol la fraîcheur qu'avait procuré le défoncement dans l'autre division de terrain, il a dû végéter chétivement ; le sainfoin a donc pu à son aise s'établir dans le terrain, implanter profondément dans le sous-sol ses longues racines et prendre le dessus d'une manière incontestable sur les pois gris.

M. le Directeur a sans doute, dans de très-bonnes intentions, diversifié le mode de fumure pour les soles en récoltes sarclées dans les assolemens prescrits par la Commission; le but de M. de Bec était de faire épreuve du terreau Jauffret, des herbes enfouies comme engrais et du fumier ordinaire par trois essais comparatifs; mais il a par là altéré les effets de l'épreuve sur les assolemens divers que la Commission avait en vue, assolemens qu'elle désirait placer dans des conditions identiques sous le rapport du sol et des engrais. L'assolement n° 3, par exemple, qui est destiné à porter un blé et ensuite une avoine après la récolte sarclée, place ces deux récoltes de grains dans de mauvaises conditions avec une simple fumure de végétaux enfouis, à laquelle on fait d'abord porter une récolte de pommes de terre qui, certainement, ne sera pas belle. Rien n'est plus difficile que de placer une épreuve isolée dans des conditions égales; cela devient impossible, quand on veut faire plusieurs épreuves dans une.

Partie consacrée aux cultures nouvelles.

Notre premier rapport a fait connaître de quelle importance serait, pour notre département, l'introduction de la culture des plantes oléagineuses, à cause du grand débouché qu'aurait leur produit dans l'industrie savonnière, si importante à Marseille. Des essais ont été continués à *la Montauronne* sur le *colza* et sur la *madia-sativa*. Ses résultats ne sont pas encore bien satisfaisans; le colza semble devoir donner des produits plus forts, mais sans offrir encore une balance avantageuse entre les recettes et les dépenses. M. le Directeur se propose de continuer ces essais, pour donner aux résultats qu'ils présentent la consécration du temps. La Commission, toujours dans le but de pouvoir trouver une plante oléagineuse dont la culture soit admissible avec profit dans les Bouches-du-Rhône, a engagé M. de Bec à faire entrer dans ses prochains essais : 1° l'*arachide* ou pistache de terre, dont la culture a réussi à Alger et dans quelques propriétés de l'arrondissement de Toulon ; 2° le *sézame*, graine oléagineuse qu'on cultive avec beaucoup de succès dans tout l'Orient ; 3° enfin une nouvelle espèce de *choux chinois* que M. le marquis de Ridolfi, directeur de la Ferme-modèle de *Meleto* en Toscane, a introduite avec beaucoup d'avantage dans ses cultures.

Dans un de ses rapports trimestriels, M. le Directeur parle d'un essai qui lui a été prescrit par M. le Ministre de l'agriculture en ces termes :

« Dans les premiers jours d'avril (le 6), j'ai reçu un envoi de M. le ministre de l'agriculture ; il contenait quelques épis de blé et une invitation d'en faire l'essai pour lui en rendre compte ultérieurement. Je transcris ici une partie de la lettre de M. le ministre pour mieux vous en faire connaître l'objet.

« M. le ministre de la marine vient de me transmettre « un paquet d'épis d'une céréale cultivée à l'île de Bar- « bade, sous le nom de *blé Vitoria*. D'après M. Daves, phar- « macien de la marine royale, *ce blé dont on a obtenu à dif- « férentes reprises, à la Guadeloupe*, 80 *et* 90 *épis pour chaque « grain, cinquante - quatre jours, terme moyen, après l'avoir « semé, pourrait peut-être être cultivé en France et donner deux « récoltes par an.* »

« J'ai semé ce blé le 7 avril; il a un peu tardé à se lever; sa végétation a été ensuite rapide; il a tallé promptement; mais atteint de la rouille dès le mois de mai, il ne put donner qu'un produit inférieur à celui qu'il promettait d'abord. Ce blé est barbu, son grain est petit, gris à l'extérieur; mais blanc et tendre à l'intérieur. Quoique annoncé pour mûrir en cinquante-quatre jours, il n'a fleuri qu'à la fin de juin. »

Engrais Jauffret.

M. de Bec avait proposé de faire construire à *la Montauronne* un réservoir et un établi pour la confection de l'engrais Jauffret, dans la forme et les dimensions prescrites par M. de Villeneuve, ingénieur des mines, moyennant une indemnité qui lui serait accordée par le département. La Commission accepta cette offre et fixa l'indemnité à 200f., moitié de la somme à laquelle M. de Villeneuve évalue ces constructions. Le Conseil-général a, dans sa session de 1840, voté cette somme, et la Commission de surveillance s'est assurée que M. le Directeur avait rempli ses obligations. Deux bassins ont été construits par ses soins, non loin des étables et à côté l'un de l'autre. Ces deux bassins destinés aux manipulations de l'engrais Jauffret, sont en pierres de taille et en maçonnerie, le premier a 2 m. 50 de longueur, sur 2 m. de large et 1 de profondeur; le second est le double plus grand. Ces bassins servent en temps ordinaire de creux à fumier, et c'est là que se préparent tous les engrais de la Ferme. Une machine hydraulique très-ingénieuse qui élève l'eau abondante d'une source placée dans une situation basse, fournit de l'eau à divers services de la Ferme, en la mettant à leur portée, et une petite conduite en plomb permet de tenir constamment de l'eau dans les bassins de l'engrais. Une autre disposition qu'il serait important de voir imiter dans toutes les fermes, c'est la construction d'un cabinet secret, par l'intermédiaire duquel le personnel de la ferme paye journellement son tribut à la fécondité du sol, tribut qu'on laisse perdre en Provence dans presque toutes les exploitations agricoles, et qui cependant est d'une très-grande importance comme l'a constaté M. Boussingault, membre de l'Institut, chimiste distingué, qui assure que la quantité d'azote fournie par les déjections d'un seul homme, pendant un an, suffirait pour assurer dans un sol épuisé la production de 400 kilogrammes de froment.

M. de Bec a aussi fait faire en maçonnerie, à côté de ces deux bassins, une construction qu'on peut considérer comme un moule de meule à engrais; cette construction a trois façades percées de nombreuses meurtrières, pour faciliter l'écoulement du liquide et l'introduction de l'air nécessaire à la fermentation; la façade antérieure seule est ouverte, et c'est par elle qu'on fait et qu'on défait la meule.

Pour compléter un système de confection d'engrais si bien entendu, il ne manque plus que la construction d'une toiture destinée à mettre les meules d'engrais à l'abri de l'action desséchante du soleil.

M. de Bec a fait une excellente chose en souscrivant pour avoir le droit de confectionner l'engrais Jauffret à la Ferme-modèle; des essais faits à *la Montauronne* par M. Turel, agent de l'administration de l'engrais Jauffret, ont parfaitement réussi. L'épreuve de cet engrais a même été faite par M. le Directeur sur un terrain vierge d'autres fumures; mais les pluies qui ont tant contrarié les semailles pendant l'automne dernier, ont tellement retardé les opérations d'ensemencement, que les terrains destinés à cette épreuve comparative, n'ont pu être ensemencés que vers les approches de la Noël. Ces blés ont dû souffrir toutes les rigueurs de l'hiver au moment de leur sortie de terre, et plus tard les effets des premières chaleurs étant encore dans un état de végétation trop peu avancée, au moment de leur subite apparition; c'est une épreuve à recommencer en 1841.

Les élèves ont pris beaucoup de part aux diverses manipulations qui ont eu lieu à la Ferme-modèle pour la confection de l'engrais Jauffret, et la plupart d'entre eux sont en état de montrer aux propriétaires qui désireraient employer ce procédé, les diverses opérations qui le constituent. C'est un service que la Ferme aura déjà rendu à l'agriculture du département.

Instrumens aratoires perfectionnés.

Tous les labours de la Ferme sont exécutés avec la charrue Dombasle. Il n'existe plus à *la Montauronne* en charrues anciennes du pays que le simple araire à un cheval, appelé en provençal *fourcas*, qui n'est guère employé qu'au moment des semailles, charrue excellente pour cette main-d'œuvre. Il serait à désirer que M. de Bec fît l'acquisition du griffon, instrument qui enterre si bien la semence et avec une grande rapidité.

M. de Bec est très-satisfait de l'emploi de la houe à cheval de Roville pour les binages des récoltes sarclées. Il n'a pas été moins satisfait du sémoir Hugues employé à *la Montauronne* sur une étendue assez importante et qui présente cette singularité que les blés faits au sémoir sont ceux qui ont le moins souffert des intempéries des saisons. On doit attribuer ce résultat à la supériorité de la culture en ligne et aux bons effets des binages qui ont été donnés à si bon marché et avec tant de facilité à ces blés, à l'aide de l'ingénieux et léger sarcloir de M. Hugues.

Le battage du blé se fait à *la Montauronne* d'une manière plus prompte que dans les autres fermes; les gerbes sont placées sur l'aire à côté les unes des autres et dans une position verticale, au lieu d'être couchées sur le sol, comme on le pratique généralement; il résulte de cette disposition des gerbes que les pieds des chevaux chargés du foulage frappent presque toujours sur les épis; de telle sorte que le grain est bien plus tôt séparé de sa balle, et que l'égrainage complet est terminé avec le même nombre de chevaux, pour chaque airée vers midi, au lieu de n'être achevé que le soir. Il est alors très-facile de séparer la plus grosse paille du grain, et pendant le reste de la journée, M. de Bec, à l'aide d'une machine qui sert en même temps de ventilateur et de crible, obtient, dans le jour même, bien qu'il ne fasse pas un brin de vent, tout le produit de son battage, et le grain n'a plus besoin que d'être vané. Ce procédé, très-usité dans le Languedoc, présente beaucoup d'avantages, et il est à désirer qu'il se propage dans ce département. Il exige seulement un homme de confiance qu'on puisse placer auprès de l'aire où s'opère le battage, et qui ne quitte pas un seul instant, pour veiller à ce que toutes les opérations se fassent avec une grande régularité, sans quoi la promptitude avec laquelle on obtient les résultats, pourrait compromettre le succès et occasioner des pertes au propriétaire. Une idée qui n'est pas assez répandue et à laquelle il faut pourtant qu'on se fasse, c'est que l'adoption des méthodes perfectionnées ne peut s'accomplir qu'à la condition, de la part de ceux qui sont désireux de les introduire dans leurs exploitations, d'apporter dans leur emploi une plus grande dose d'intelligence.

Attelage.

Les labours de la ferme sont exécutés par des bœufs. M. de Bec en tient cinq, afin d'avoir toujours son attelage de quatre au complet. Les transports et autres travaux auxquels les bœufs ne peuvent pas suffire, sont faits par des mulets de louage que M. de Bec a, dans la position où il se trouve, toujours à sa disposition, en sorte que sans une grande dépense, il double ou dédouble à volonté la force de ses attelages ; c'est une combinaison heureuse qui est attachée à la localité et dont M. le Directeur fait très-bien de tirer parti. Cette dépense n'est cependant pas insignifiante, puisqu'elle s'est élevée en 1840 à 1219 fr. 24 c. ; mais en tenant trois mulets de plus toute l'année, M. de Bec dépenserait davantage et ne pourrait pas faire exécuter les mêmes travaux aussi à propos que par le mode qu'il a adopté.

Éducation des vers à soie.

Conformément aux obligations de son marché, M. de Bec doit tous les ans faire à *la Montauronne* deux éducations de vers à soie comparatives ; elles ont cette année donné de très-bons résultats, circonstance d'autant plus satisfaisante, que les belles espérances qu'on avait généralement conçues sur la production en soie cette année, ne se sont pas réalisées. Nous ne saurions mieux faire que de reproduire le rapport présenté à la Commission de surveillance par M. le Directeur, rapport dans lequel se résument avec beaucoup de clarté tous les faits relatifs à ces deux éducations comparatives.

« L'éducation des vers à soie a été précédée cette année de circonstances défavorables. La feuille de murier, déjà développée les premiers jours d'avril, a été gelée le 11. Il a fallu retarder l'éclosion de près d'un mois. Les graines n'ont été mises dans l'étuve que le 4 mai. La première éclosion a eu lieu le 12. La feuille commençait à peine à repousser. Les vers ont été distribués, partie dans la magnanerie salubre, et c'est la plus grande quantité, partie dans la magnanerie ordinaire. La conduite de ces deux éducations comparatives a été confiée à deux élèves. J'ai établi ainsi entr'eux une émulation rivale, qui ne pouvait être que salutaire, me réservant toutefois la direction supérieure.

« L'éducation de la magnanerie salubre, toujours maintenue à 19 degrés de chaleur (Réaumur), n'a pas tardé à prendre l'avance sur l'éducation comparative de la magnanerie ordinaire influencée par la température variable de l'atmosphère. Aussi, malgré la régularité scrupuleuse des repas, tant dans l'une comme dans l'autre, les vers se sont sensiblement plus développés dans la première que dans la seconde, même dès les premiers âges.

« Vers le 20 mai a commencé à se manifester un état atmosphérique orageux, chargé de brouillards, très-chaud, état qui s'est maintenu jusqu'au 5 juin et auquel a succédé brusquement une température extrêmement froide, baissant à 3 degrés chaque matin, et ne s'élevant guère au-dessus de 12 dans la journée ; il en a été ainsi jusqu'au 16 juin. Le premier état de touffe avait été mortel pour la plupart des éducations avancées ; le second état de glace a fait éprouver de grandes pertes aux éducateurs qui avaient échappé aux dangers de la première période.

« Nos deux éducations comparatives ont traversé ces deux époques fatales, avec des alternatives de chances différentes. La magnanerie salubre s'est maintenue dans un état de santé très-remarquable ; les lits, toujours secs, n'ont pas donné la moindre odeur ; les vers ont conservé un appétit soutenu ; cette circonstance jointe à la régularité des repas, a rendu inutiles les délitemens trop fréquens. La cheminée d'appel a constamment établi une ventilation assez énergique, pour la rendre sensible à l'œil par l'agitation perpétuelle des moindres brindilles suspendues aux claies. C'est ainsi que nous sommes arrivés à la montée le 28e jour de l'éducation. Pendant cette période de temps, je n'ai point cessé le feu, ce qui a rendu inutile l'usage du ventilateur. Je ne m'en suis point servi. Le 35e jour les cocons ont été portés à la vente.

« La quantité de feuilles non mondées consommées, a été de 3,814 kil.

« La litière produite est de 1,137 kil.

« Le poids en cocons est de 257 kil. 2 h.

« La méthode ordinaire a eu des chances peu favorables ; un instant l'éducation a paru impossible, les vers saisis par le froid à la quatrième mue étaient anéantis ; mon poile de secours ne pouvait élever la température au-dessus de 13 degrés. Le troisième jour du cinquième âge je parvins, au moyen du coak, à établir une chaleur soutenue. Un élève de M. Camille Beauvais, M. Clamoux, vint me visiter ce jour-là même ; il me conseilla de pousser la température sans crainte, me disant que j'aurai ainsi le moyen de constater une expérience nounouvelle. J'ai dès lors porté la chaleur à 20 degrés sans interruption jusqu'à la fin.

« Au moyen de cette température élevée, il s'établit une ventilation efficace par les soupiraux ; les lits, qui jusqu'alors n'avaient montré que moisissures, restèrent parfaitement secs après délitement. Les vers reprirent l'existence ; par des repas légers et fréquens, je hâtai leur vie ; en cinq jours il montèrent au bois ; aucun n'a été trouvé mort. Le 40e jour de l'éducation les cocons étaient accomplis.

« La quantité de feuilles non mondées consommées, a été de 989 kil.

« La litière produite est de 316 kil.

« Le poids en cocons est de 53 kil. 8 h.

« Pour me rapprocher davantage du langage consacré généralement à ce genre de produit, je résume ainsi qu'il suit les deux éducations dans le tableau suivant :

ÉDUCATIONS DES VERS A SOIE COMPARÉES.

Magnanerie salubre.	*Magnanerie ordinaire.*
Éducation, durée 28 jours.	Éducation, durée 35 jours.
Consommation de feuilles non mondées, 95 qx. 35 liv.	Consommation de feuilles non mondées, 24 qx. 74 liv.
Litière retirée, 28 qx. 45 liv.	Litière retirée, 7 qx. 91 liv.
Cocons produits, 6 qx. 40 liv.	Cocons produits, 1 ql. 33 liv.

C'est-à-dire,

Produit par 20 qx. de feuilles, équivalent d'une once de graine, 134 liv. de cocons. 596 liv. de litière.	Produit par 20 qx. de feuilles, équivalent d'une once de graine, 107 liv. de cocons. 639 liv. de litière.
Nombre de cocons à la liv. 169.	Nombre de cocons à la liv. 210.
Nombre de cocons par 20 qx. de feuilles 22,646.	Nombre de cocons par 20 qx. de feuilles 22,470.

« Les deux éducations ont eu un succès remarquable ; mais la magnanerie ordinaire ne doit le sien qu'à des moyens empruntés à la magnanerie salubre.

« La magnanerie salubre a produit en moins de temps, et par conséquent avec moins de dépenses relatives, plus de poids de cocons et moins de litière. Le contraire se présente dans la magnanerie ordinaire.

« Le poids du produit en cocons dans la magnanerie salubre ne vient point d'une quantité plus grande en nombre de cocons, mais seulement de la qualité et du poids même de chaque cocon plus riche en soie ; car le rapprochement du produit de 20 qx. de feuilles dans les deux magnaneries, donne un nombre à peu près égal de vers nourris et ayant accompli leurs cocons.

« A cette observation, je joins un fait qui appartient aux deux magnaneries comparatives. A la quatrième mue de la magnanerie ordinaire, une certaine quantité de vers en furent transportés dans la magnanerie salubre. Leur produit en poids n'a pas égalé celui des cocons de cette magnanerie, mais il a dépassé le poids des cocons des mêmes vers restés dans la magnanerie ordinaire. Voici ce résultat comparé.

Magnanerie salubre	Vers transportés.	Magnanerie ordin^re^.
169 cocons à la livre.	187 cocons à la livre.	210 cocons à la livre.

« J'ajoute que les cocons de la magnanerie salubre ont été tirés à part, et que le marchand en a obtenu un produit en soie plus fort que celui des cocons pesant moins.

« Avant d'en finir avec le compte-rendu des vers à soie, je dois un hommage de gratitude à M. Robert pour ses filets de papier. Si quelques personnes en blâment l'emploi, j'ai de la peine à m'expliquer leur motif. De toutes les améliorations introduites dans l'éducation des vers à soie, le filet de papier est une des plus positives, des plus vraies et des plus expéditives. Il présente à la fois facilité, économie et moyen d'assainissement rapide. Il est à la portée de toutes les positions sociales, de toutes les intelligences.

« Il est juste aussi que je fasse la part des élèves qui ont coopéré aux deux éducations.

» L'élève éducateur de la magnanerie salubre est Ferdinand Chauvet, de Noves. L'élève éducateur de la magnanerie ordinaire est Louis Blanc de Saint-Cannat. Je dois égalité d'éloge à leur conduite soutenue, à leur exactitude, à leurs peines; mais je dois et je fais plus particulièrement mention honorable du jeune Chauvet pour son intelligence active. Pendant l'éducation, je lui ai adjoint Antoine Aron, de Martigues. Il y aurait injustice d'oublier l'activité de cet élève et les secours efficaces qu'il a donnés dans les momens de presse et de fatigue. »

La Commission de surveillance a cru devoir compléter ce compte-rendu par la situation financière de ces deux éducations, qu'elle a puisée dans les livres tenus à *la Montauronne*.

Éducation provençale.

Les produits de cette éducation sont :

53 kilog.	cocons	221 90	225 90
316 —	litière	4 »	

Report..... 223 90

Dépenses à déduire.

989 kilog. feuilles de muriers.....	71 43	174 67
Papiers gris.....................	2 »	
Graine...........................	4 45	
Combustible......................	10 »	
Main-d'œuvre.....................	86 77	
Produit net...........		51 23

Cette éducation a payé la feuille à raison de 5 fr. 7 c. les 100 kilog.

Magnanerie salubre.

Les produits de cette éducation sont :

257 kilog. 2 h. cocons..........	1066 12	1078 12
1137 — litière..........	12 »	

Dépenses à déduire.

3314 kilog. feuilles de muriers....	221 26	516 73
Graine...........................	9 5	
Papiers filets...................	17 59	
Combustible......................	64 94	
Main-d'œuvre.....................	203 98	
Produit net...........		561 39

Cette éducation paye la feuille à raison de 14 fr. 71 c.

Il est bien évident que la magnanerie salubre est le meilleur des deux acheteurs auxquels M. de Bec vend la feuille de ses muriers, et qu'il a éprouvé une perte de 9 fr. 64 c. par chaque 100 kil. de feuille qu'il a fait consommer à l'éducation provençale, soit pour 989 kilog. une perte totale de 95 fr. 33 c. sur une si minime éducation.

Un fait très-remarquable dans le compte financier des deux éducations, c'est que dans la méthode ordinaire les frais s'élèvent à 77 pour cent du produit brut, tandis que dans la méthode rationnelle, ces frais ne sont que de 47 pour cent. D'ailleurs, il ne faut pas perdre de vue que sans l'emploi du calorifère qui est venu au secours de l'éducation provençale, elle aurait bien certainement présenté une perte.

La différence de poids que présentent entre eux les cocons provenant des deux éducations, est un fait très-intéressant qui mérite d'être étudié. Il est probable que l'augmentation de poids qu'offrent les cocons de la magnanerie salubre, n'est pas toute en soie. Elle doit provenir aussi en grande partie de la grosseur de la chrysalide qui, dans les cocons de la magnanerie salubre, doit être bien plus pesante, provenant de vers mieux portans et mieux nourris. Il serait très-important de connaître dans quel rapport sont le poids de la chrysalide et celui de la partie soyeuse du cocon dans chacune de ces deux catégories. Il faudrait s'assurer de la quantité de soie résultant de 100 kilog. de cocons de chaque éducation, et constater aussi la qualité de ces deux genres de produits. Ces observations bien faites détermineraient d'une manière exacte la valeur relative de ces deux espèces de cocons, et donneraient un mérite de plus à la méthode d'éducation perfectionnée, si ce nouvel avantage était de son côté. Il est à désirer que l'année prochaine cette expérience soit faite avec soin.

Élèves boursiers. — École rurale.

L'école rurale établie à *la Montauronne* a pris une certaine consistance depuis le dernier rapport de la Commission. Les élèves sont aujourd'hui au nombre de huit, deux comme boursiers du département et six admis par M. de Bec. Dans sa visite à la Ferme-modèle du 4 juillet dernier, la Commission avait à s'assurer des progrès de l'instruction des élèves attachés à la Ferme, et à distribuer une somme de 200 fr., mise à sa disposition par le Conseil général, comme prime d'encouragement à ceux d'entre eux qui répondraient le mieux aux questions qui leur seraient faites. Un examen qui a duré près de deux heures a été fait par les divers membres de la Commission, sur les différentes parties dont se compose l'instruction donnée à *la Montauronne*, et la Commissiou a constaté avec la plus grande satisfaction les progrès faits depuis un an. Successivement interrogés sur la grammaire, le calcul, les élémens de chimie, de physiologie végétale et sur la pratique de l'art agricole, les élèves ont généralement répondu avec assez de justesse et sans trop d'hésitation; cet examen a offert aux membres de la Commission un spectacle nouveau pour eux; celui d'entendre des fils de simples cultivateurs parler de *carbone*, d'*oxigène*, de *sulfate*, etc. avec intelligence et connaissance des diverses propriétés de ces corps. Leur surprise n'a pas été moins agréable quand on leur a vu répondre avec une assez grande précision sur une série de questions ayant pour but de développer la partie de la physiologie végétale relative à la nutrition des plantes par la circulation de la sève.

Par suite de cet examen, la Commission a fixé de la manière suivante la distribution de la somme de 200 fr. qui était à sa disposition.

Instruction générale.

Premier prix,	Chauvet..................	F. 40
	Salin..................	40
Second prix,	Blanc..................	30
Accessit,	Laurin..................	15
	Gibaud..................	10

Agriculture pratique.

Premier prix,	Aron..................	15
Second prix,	Salin..................	10
Accessit,	Maurin..................	5

Études sur l'éducation des Vers à soie.

Premier prix,	Chauvet..................	15
Second prix,	Blanc..................	10
	Aron..................	10
	Total.....	200

La Commission fut, l'an passé, dans la pénible obligation de vous entretenir, M. le Préfet, de quelques symptômes d'insubordination qui s'étaient manifestés parmi les élèves attachés à la Ferme-modèle ; elle crut même devoir recourir à votre autorité pour préserver l'avenir de l'école rurale d'une destruction certaine, si des mesures salutaires n'étaient pas prises à cet égard. Elle vous proposa de déterminer, par un arrêté en forme de réglement intérieur, la nature des rapports qui devaient exister entre les élèves et M. le Directeur de la Ferme. Vous eûtes la bonté de donner votre adhésion à cette mesure, et depuis tous les élèves sont restés obéissans et soumis.

La Commission ne saurait terminer cet article sans signaler une réforme qui serait à faire dans le programme d'examen exigé pour l'admission des élèves-boursiers du département, seul obstacle qui s'oppose à l'accroissement du personnel de l'école rurale. Voici, d'après les renseignemens pris par la Commission, les considérations qui se rattachent à cette question et le moyen qu'elle a concerté avec M. le Directeur, pour faire disparaître l'état anormal de l'école rurale sous le rapport des élèves-boursiers du département.

Deux élèves seulement, boursiers du département, se trouvent à la Ferme.

De ces deux boursiers, un seul a rempli les conditions fixées par l'arrêté de M. le Préfet.

L'autre a été admis sur la présentation de M. de Bec.

Quelques candidats, en petit nombre, s'étaient d'abord présentés ; mais comme ils ont été repoussés par la Commission d'examen, plusieurs autres candidats effrayés par les exigences du programme, se sont volontairement retirés avant de subir cette épreuve. M. le Directeur ne pense pas qu'il se soit présenté de nouvelles demandes d'admission depuis cette époque.

Ne doit-on pas induire de ces faits que le programme impose des conditions trop difficiles et des connaissances trop étendues ? et que ceux qui seraient en état de satisfaire à ces conditions, et qui posséderaient les connaissances voulues, préféreraient entrer dans une carrière plus brillante.

Il est certain que malgré l'indulgence de la Commission d'examen, le mauvais effet produit par la publicité donnée au programme n'a pu être détruit.

L'école rurale de la Ferme-modèle du département ne saurait être un institut comme ceux de Roville et de Grignon, où les élèves reçoivent une instruction agricole et scientifique très-élevée. A *la Montauronne*, il ne s'agit que de former de bons maîtres-valets, capables d'exploiter avec profit une ferme sous la direction du propriétaire. La Commission pense que le programme d'admission doit être modifié et réduit à exiger seulement que les candidats sachent lire et écrire, puisqu'ils doivent trouver dans l'école de la Ferme les moyens d'acquérir les autres connaissances.

La qualité de boursiers-élèves du département a fait considérer, par leurs parens, la Ferme sous deux rapports également faux.

Les uns y ont vu un établissement tout-à-fait consacré à la théorie agricole, et où par conséquent leurs fils ne seraient soumis à aucune espèce de travaux dans les champs.

Les autres l'ont considérée comme une sorte de maison de force où l'on pourrait envoyer en correction les enfans indisciplinés et sans état.

Il est aisé de comprendre tout ce que ces deux manières de voir on produit de fâcheux pour les débuts de l'établissement.

Il existe encore une anomalie dans la composition du personnel des élèves de l'école rurale, le rapprochement et le contact continuel des élèves du département et de ceux reçus par M. de Bec, occasionent un tiraillement continuel. Les premiers admis et envoyés par l'autorité affectent une supériorité envers leurs camarades et quelquefois même une certaine indépendance envers les ordres du Directeur.

Cet état de choses prend sa source dans les obstacles qui s'opposent à une admission plus complète des élèves-boursiers, et sans la sollicitude de M. de Bec pour attirer à la Ferme les élèves que son marché l'autorise à prendre pour son compte, l'école rurale aurait deux élèves seulement au lieu de huit ; mais alors le but du Conseil général serait en grande partie manqué, puisque la Ferme ne serait plus en position de propager les bonnes doctrines agricoles dans le département en formant des hommes capables de les transmettre dans les divers cantons où ils iraient s'établir en quittant l'école rurale.

Les faits démontrent que M. le Directeur est en meilleure position et a plus de facilité que l'administration pour trouver des élèves. La Commission est donc d'avis que le département doit accepter l'offre suivante que M. de Bec lui fait, après s'être concerté avec la Commission :

« Le Directeur de la Ferme offre au département de tenir au complet le nombre d'élèves fixé par la délibération du conseil général et moyennant la somme allouée payée à forfait chaque année. »

La Commission pense que le département trouverait un avantage dans l'admission de cette proposition, puisque dans l'état actuel, il est obligé de payer à M. de Bec la moitié du montant des bourses vacantes et cela en pure perte pour l'intérêt public. Tandis qu'avec l'arrangement proposé les bourses seront toujours occupées.

Si cette proposition, que la commission appuye par la conviction où elle est du bien qu'elle doit produire était acceptée, il y aurait lieu à revoir et à modifier les actes administratifs et constituans de l'école.

Si le Conseil général voulait aller plus loin, si au

lieu de *six* élèves il désirait en doter *neuf*, M. de Bec réduirait la bourse à 333 francs 33 centimes, ce qui donnerait une somme de 3,000 francs payée à forfait.

La Commission de surveillance a vu avec plaisir que M. le Directeur, cette année, n'a demandé aucune nouvelle allocation de fonds, pensant comme elle qu'il fallait laisser au temps le soin d'indiquer les nouveaux sacrifices que le département pourra faire pour cet établissement. En raison même de cette réserve, le Conseil général devrait consentir à l'arrangement proposé par M. de Bec au sujet des élèves boursiers, si toutefois vous approuvez vous-même, Monsieur le Préfet, les idées que la Commission vient de vous soumettre.

RÉSUMÉ.

Dans son rapport de l'année dernière, la Commission avait en vue de faire connaître de quelle manière M. le Directeur avait exécuté les diverses obligations de son marché et de donner une idée de ce qu'on pourrait attendre de la création de la Ferme. L'exposé qui vient d'être mis sous vos yeux, Monsieur le Préfet, confirme toutes les espérances qu'avaient fait concevoir les premières opérations du Directeur. En effet :

Tous les travaux s'exécutent à l'aide des instrumens aratoires perfectionnés.

La magnanerie salubre, à la construction de laquelle le département a contribué, a donné, par les brillans résultats de cette année, généralement si défavorables à cette récolte, la preuve incontestable de son utilité.

Si les essais de cultures des plantes nouvelles n'ont pas produit de suite les résultats qu'on en attendait, elles se continuent sur une plus grande échelle afin de donner aux observations recueillies sur le plus ou moins de mérite de ces cultures dans le Midi, la consécration du temps.

Tous les assolemens prescrits par la Commission dans la partie du champ d'expérience dont elle dispose sont commencés d'après ses indications.

L'école rurale, malgré les obstacles qui s'opposent à la prompte admission des élèves boursiers, s'est cependant peuplée d'élèves par les soins de M. le Directeur, et la Commission a été très-satisfaite des progrès de l'enseignement.

Si l'établissement de la comptabilité en parties doubles a éprouvé quelques difficultés, la Commission a acquis la certitude qu'en 1841 les écritures seront l'objet d'une attention plus spéciale du chef de l'établissement.

Cet exposé peut donc être considéré comme la confirmation de rapport fait par la Commission l'an passé ; il est de plus, M. le préfet, une étude consciencieuse de la situation actuelle de la Ferme-modèle, situation que nous avons tâché de rendre aussi exacte que possible. C'est un premier jalon posé indiquant le point de départ d'une manière fixe et certaine, qui permettra à chaque halte, dans la route qui nous est imposée, de jeter un coup d'œil en arrière et de mesurer avec précision le chemin parcouru et celui qui reste encore à faire. Si nous sommes bien compris, cet exposé doit indiquer à peu de chose près, ce qu'est *la Montauronne* aujourd'hui. Les rapports subséquens feront connaître ce qu'elle sera plus tard ; et ce n'est qu'alors qu'il sera facile de juger les effets du système de culture adopté par le Directeur.

La Provence, avec son sol généralement privé d'humus, son climat si brusquement variable, et le défaut constant d'humidité de son atmosphère, ne saurait adopter, sans de grandes modifications, l'agriculture perfectionnée qui fait depuis si long-temps prospérer les départemens du nord placés sous des conditions atmosphériques tout-à-fait opposées. Aussi cette Provence, qu'un homme d'esprit appelait *la Gueuse parfumée*, suit-elle encore, depuis un temps immémorial, un système de culture extrêmement simple, qui même au premier aspect semble bien approprié aux exigences de sa position, mais qui cependant est loin d'être en rapport avec l'état avancé de la science agricole. La plupart des grandes fermes sont encore soumises à la culture triennale avec jachère et récoltes exclusives de grains. Là tout est misérable ; le propriétaire, peu confiant dans la force productive d'un sol qu'il ne fume presque pas, comptant encore moins sur les cultures défectueuses qu'il lui donne, cherche, dans une économie souvent lésineuse, une augmentation de son produit net, et trouve une partie de ses bénéfices dans la réduction des salaires, dans la nourriture inférieure et peu abondante qu'il distribue, soit au personnel qu'il occupe, soit aux animaux qu'il emploie. Quelles sont les conséquences inévitables d'un si déplorable système ? Des agens qui servent sans dévouement et qui sont en hostilité permanente contre le maitre, des attelages débiles qui dépérissent à vue d'œil et qui ne peuvent pas apporter dans les travaux la force que leur donnerait une nourriture plus abondante ; enfin, ce sont des produits misérables et un dépérissement annuel et successif de la propriété. Aussi quel aspect offrent les cantons où les nouveaux procédés de culture n'ont pas encore pénétré ! Un sol mal cultivé, dont un tiers est constamment en repos, des récoltes chétives sur les 2/3 restant, et une population pauvre qui ne pourrait pas vivre, sous de telles conditions, sans son extrême économie et cette excessive sobriété qui distinguent le paysan provençal.

Dans les pays, au contraire, que l'agriculture moderne fait fleurir, le tableau change : ce sont des paysans bien nourris, brillans de santé et proprement vêtus; des bestiaux aux poils luisans, aux formes arrondies, apportant dans les travaux une force proportionnée à la nourriture plus substantielle et plus abondante qu'ils reçoivent ; enfin, des fermiers possesseurs de grandes avances provenant des bénéfices cumulés successivement, à la suite de cultures bien entendues.

Le succès de plusieurs exploitations en Provence démontre la possibilité d'une régénération dans l'agriculture du midi ; le mouvement est donné, et beaucoup de propriétaires sont entrés dans cette nouvelle voie : matériellement parlant, il y a déjà un grand pas de fait ; mais il faut de toute nécessité que l'agriculture provençale se modifie sous le rapport moral ainsi qu'elle l'a fait en grande partie sous le rapport matériel. Il ne suffit pas d'avoir adopté la charrue Dombasle, qui, avec moitié moins de force, exécute des labours deux fois meilleurs que ceux opérés par les anciens instrumens. Ce n'est pas assez d'avoir créé des prairies artificielles qui permettent de faire stationner toute l'année dans les fermes une partie des troupeaux qui tous les ans transhumaient pendant six mois ; ce n'est rien d'avoir ainsi obtenu des engrais plus abondans, source certaine de produits plus élevés et d'une amélioration progressive des fonds de terre ; il faut encore, pour que la transformation soit complète, sortir des idées étroites de localité, abandonner ce calcul faux et mesquin qui consiste à rogner les salaires, à prélever une rente sur la nourriture des hommes et des bestiaux pour augmenter les bénifices, adopter enfin un système économique plus en rapport avec les progrès de la science agricole. Dans une pareille réforme, on doit avoir en vue non-seulement l'amélioration du sol, mais encore l'amélioration de l'homme qui l'arrose de ses sueurs, soit en l'éclairant, soit en lui procurant un sort meilleur; c'est un changement complet dans les idées et dans les habitudes; révolution pacifique à faire qui ne coûtera pas une larme, et dont les effets moraux et matériels sont incalculables.

Donner le premier l'exemple d'une aussi désirable et utile transformation, combattre les obstacles qu'elle rencontre, indiquer les moyens les plus propres à en amener l'accomplissement, telle est, M. le Préfet, la tâche à la fois importante et difficile qui est imposée au Directeur de la Ferme-modèle, mission aussi intéressante que glorieuse que M. de Bec a l'intention de remplir. Deux moyens puissans sont entre ses mains pour atteindre à ce but : l'heureuse influence de l'école rurale de *la Montauronne*, qui contribuera à répandre l'instruction dans les classes agricoles, et l'exemple des cultures rationnelles suivies dans la Ferme-modèle, dont l'imitation portera l'aisance dans les campagnes. Disposant d'un pareil levier, assuré du concours de la Commission de Surveillance, de l'appui du Conseil général et de la protection bienveillante que vous accordez à un établissement dont le département vous doit la fondation ; M. de Bec, soutenu par l'espoir encourageant d'un succès, marchera avec confiance vers le but.

Pour copie conforme au Rapport approuvé par la Commission de Surveillance dans sa séance du 2 août 1841.

Le Président,	Le Secrétaire,
AUDE.	M. PLAUCHE.

MARSEILLE. — TYPOGRAPHIE DES HOIRS FEISSAT AÎNÉ ET DEMONCHY,
Imprimeurs de la Ville et du Commerce, rue Canebière, 19.

www.ingramcontent.com/pod-product-compliance
Ingram Content Group UK Ltd.
Pitfield, Milton Keynes, MK11 3LW, UK
UKHW021513260726
13993UKWH00004B/1648